LA GRANDE IMAGERIE

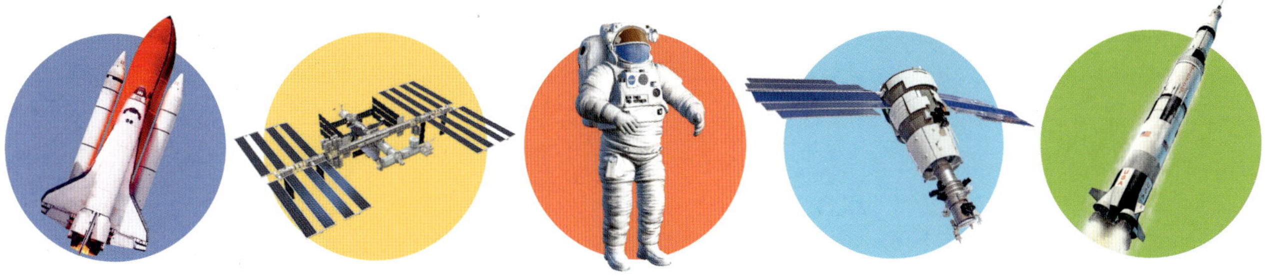

LES ASTRONAUTES

TEXTES CATHY FRANCO
ILLUSTRATIONS JACQUES DAYAN

FLEURUS

LES PREMIERS ASTRONAUTES

L'homme est un grand voyageur. Après avoir conquis les terres, les mers puis le ciel, il a rêvé de se rendre dans l'espace. Ce rêve s'est réalisé dans les années 1960. Ces hommes et ces femmes qui explorent l'espace portent des noms différents suivant les pays : astronautes en Europe et aux États-Unis ; cosmonautes en Russie ; ou encore taïkonautes en Chine. Tous ces mots ont la même signification : « voyageurs de l'espace ».

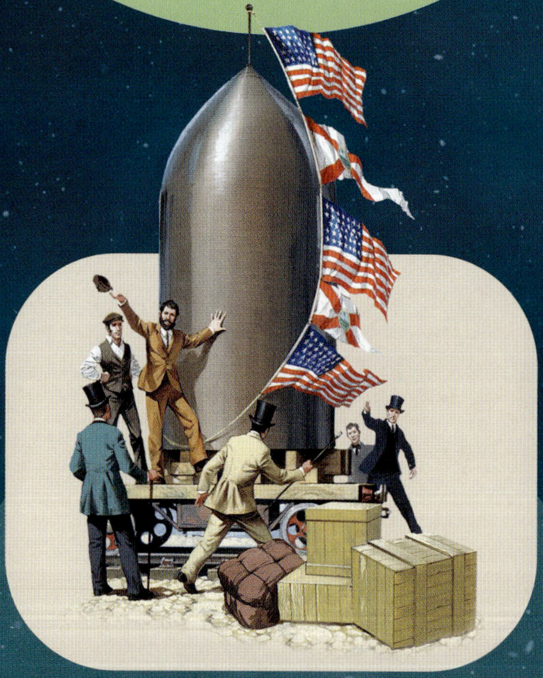

DANS LA FICTION

Les voyages dans l'espace, et plus particulièrement sur la Lune, astre proche et fascinant, ont inspiré de nombreux écrivains, et ce dès l'Antiquité. Parmi les récits les plus connus : ceux de Jules Verne, dont les romans *De la Terre à la Lune* (1865) et *Autour de la Lune* (1870) relatent l'incroyable voyage vers la Lune de trois hommes à bord d'une fusée en forme d'obus, lancée par un immense canon. Ci-dessus, l'illustration montre l'arrivée de la fusée à la base de lancement. En 1954, dans l'album *On a marché sur la Lune*, le dessinateur Hergé envoie son célèbre personnage Tintin sur la Lune .

Les premiers voyageurs de l'espace : en URSS...

En octobre 1957, le lancement par les Soviétiques du satellite artificiel *Spoutnik 1* marque le début de la conquête spatiale. Il s'agit maintenant de passer à l'étape suivante : savoir s'il est possible d'envoyer des êtres vivants dans l'espace. La même année, en novembre, la petite chienne Laïka devient la première héroïne de l'espace en voyageant à bord de la capsule spatiale *Spoutnik 2*, lancée par l'URSS. Malheureusement, elle meurt avant son retour sur Terre.

... aux États-Unis

Le 31 janvier 1961, c'est au tour du chimpanzé américain Ham de s'envoler vers l'espace, à bord de la capsule *Mercury*. Le petit singe revient avec succès sur Terre. Les tests effectués prouvent qu'il est alors possible d'envoyer un homme dans l'espace.

Le premier homme dans l'espace

Fils d'un charpentier et d'une paysanne, Youri Gagarine est né en Russie. Enfant, il se passionne pour les avions. Il deviendra pilote de chasse. À 26 ans, il est sélectionné pour faire partie du programme spatial soviétique, puis est finalement désigné pour accomplir le premier vol humain dans l'espace, en orbite autour de la Terre. L'événement a lieu le 12 avril 1961. Gagarine a 27 ans.

Youri Gagarine fait le tour de la Terre en un peu moins de 2 heures à bord du vaisseau Vostok 1, lancé par la fusée Semiorka. Le pilotage est automatique, mais il peut prendre les commandes en cas d'imprévu. Le voyage est un succès. Gagarine entre dans la légende.

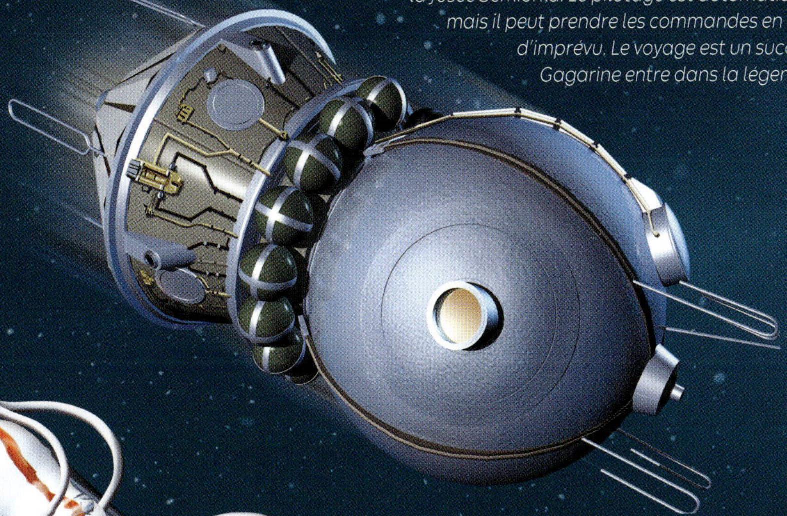

Première sortie dans le vide spatial

Le 18 mars 1965, le cosmonaute soviétique Alexeï Leonov effectue la première sortie extravéhiculaire dans l'espace, c'est-à-dire hors d'un vaisseau spatial. Relié à ce dernier par un long cordon, il est frappé par l'incroyable silence autour de lui : « Je pouvais entendre mon cœur battre très clairement », raconte-t-il. Mais au moment de retourner dans le vaisseau, Leonov ne peut plus rentrer dans le sas car sa combinaison a gonflé. Il y parvient finalement au prix de terribles efforts. L'homme est en nage : il a perdu 6 kg !

Marcher sur la Lune

Le 16 juillet 1969, l'imposante fusée *Saturn V* (la plus grande fusée jamais construite) décolle de Cap Kennedy, en Floride, aux États-Unis. À son bord, les astronautes de la mission Apollo 11, Neil Armstrong, Edwin Aldrin, surnommé Buzz, et Michael Collins. Destination : la Lune ! Après quatre jours de voyage, le module lunaire se pose sur l'astre. Le 21 juillet, Neil Armstrong en descend. Son pied s'enfonce dans l'épaisse poussière grise qui recouvre le sol. Il prononce alors ces mots, devenus célèbres : « C'est un petit pas pour l'homme, mais un pas de géant pour l'humanité. »

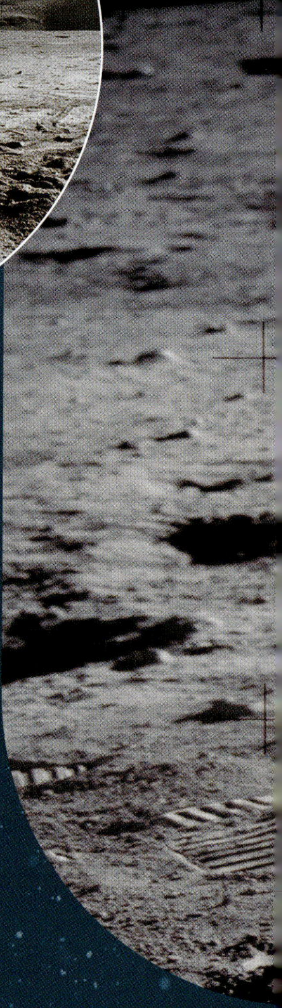

Lors des trois dernières missions Apollo (15, 16 et 17), les astronautes ont circulé à bord d'un drôle de véhicule : une Jeep lunaire (ci-dessus), qui leur a permis d'explorer des surfaces plus vastes. Les missions Apollo s'achèvent en 1972 avec Apollo 17. En tout, douze astronautes auront foulé le sol lunaire. Leurs explorations, leurs relevés scientifiques, leurs nombreuses photos et les roches qu'ils ont récoltées ont permis de mieux connaître la Lune, son âge, sa composition.

De gauche à droite, Neil Armstrong, Michael Collins et Buzz Aldrin, les trois astronautes de la mission Apollo 11, qui emmène les premiers hommes sur la Lune.

À gauche, Buzz Aldrin, photographié par Neil Armstrong, descendant l'échelle du module lunaire. Leur sortie dure 2 heures et 31 minutes. Michael Collins les attend à bord du vaisseau Apollo, resté en orbite autour de la Lune. Les deux astronautes récoltent 21 kg de roches. Ils installent un sismographe, destiné à détecter les moindres vibrations du sol, et d'autres appareils scientifiques.

La légendaire empreinte du pied de Buzz Aldrin sur le sol lunaire. Elle est encore visible aujourd'hui ! Sur la Lune, en effet, il n'y a pas de vent pour soulever la poussière ni de pluie pour éroder le sol. Les empreintes ne s'effacent donc pas.

La fusée Saturn V

Buzz Aldrin, le 21 juillet 1969, lors de la mission Apollo 11. Le programme Apollo, visant à envoyer un homme sur la Lune, a débuté deux ans auparavant.

LES PREMIÈRES STATIONS SPATIALES

À partir des années 1970, de nouveaux programmes spatiaux voient le jour. Les premières stations scientifiques en orbite terrestre font leur apparition : *Saliout 1*, la soviétique (en 1971), *Skylab*, l'américaine (en 1973). Entre 1986 et 2000, la station *Mir*, lancée par l'URSS, devient un lieu de coopération internationale. « Mir », en russe, signifie « paix », mais aussi « monde ». Ci-contre, on voit l'impressionnante navette américaine *Atlantis*, arrimée à la station. *Atlantis* n'est plus en service depuis 2011. Aujourd'hui les astronautes travaillent à bord de l'ISS (International Space Station), la Station spatiale internationale (voir pages 10 à 17).

DEVENIR ASTRONAUTE

Plus de 500 astronautes, hommes et femmes, se sont déjà rendus dans l'espace. Aujourd'hui, des équipages se relaient à bord de la Station spatiale internationale (ISS), un immense laboratoire en orbite terrestre. Pour être sélectionnés, les candidats (pilotes de chasse, ingénieurs, scientifiques) doivent être en parfaite santé et, surtout, faire preuve de grandes capacités d'adaptation. Les équipages étant réduits, la formation exige d'être polyvalent (de savoir faire beaucoup de choses) afin que les astronautes puissent se relayer si nécessaire.

Dans la centrifugeuse

Avant de s'envoler vers l'espace, tout astronaute passe par l'épreuve de la centrifugeuse. Cette capsule dans laquelle il est introduit, sanglé sur un siège, est située au bout d'un long bras qui tourne de plus en plus vite autour d'un axe pour simuler les fortes accélérations que l'astronaute subira lors des phases de décollage et de retour sur Terre.

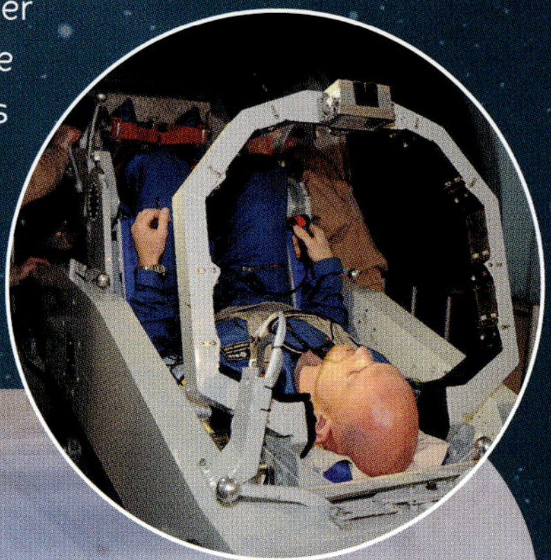

Gravité zéro

Dans l'espace, en l'absence de gravité, cette force d'attraction qui nous retient sur Terre, tout flotte (les corps, les objets). Les astronautes ne sentent plus leur poids. On dit qu'ils sont en impesanteur. Des avions leur permettent de découvrir cet état et de s'y habituer lors de vols dits « paraboliques » : l'avion effectue une série de courbes dans le ciel, des paraboles. Après avoir effectué une forte accélération, il décrit une courbe (en rouge) au cours de laquelle les passagers se retrouvent en état d'impesanteur pendant 22 secondes.

Les vols paraboliques permettent de découvrir les sensations de l'organisme en impesanteur et les désagréments qu'elle peut provoquer, comme le fameux mal de l'espace, qui donne la nausée, un peu comme le mal de mer.

Les sorties extravéhiculaires sont simulées dans de grandes piscines, pour être au plus près des conditions et des sensations obtenues en impesanteur. Dans l'eau sont immergées des maquettes à taille réelle des éléments de l'ISS, afin de s'exercer à effectuer des réparations.

Un entraînement intensif

Pour vivre et travailler dans l'espace, les astronautes bénéficient d'une formation poussée dans de nombreux domaines : connaissance et maintenance des systèmes, robotique, exercices à bord d'un simulateur de vaisseau spatial, entraînements en piscine pour simuler les sorties extravéhiculaires... Les astronautes apprennent aussi à suturer une plaie, à effectuer un soin dentaire... Et ils doivent parfaitement maîtriser l'anglais et le russe. Ils voyagent beaucoup entre les différents centres d'entraînement des agences spatiales européenne, américaine, russe, canadienne ou japonaise. Une fois affectés à une mission, ils se préparent à cette dernière de manière plus spécifique.

Lors d'un atterrissage forcé dans une zone éloignée de tout (un désert, une zone glaciale, en mer...), les astronautes doivent pouvoir se débrouiller seuls en attendant les secours. Des stages de survie sont organisés à cet effet. L'image montre un de ces stages en Russie, en plein hiver, dans le froid et la neige.

C'est à bord du vaisseau russe Soyouz ou de l'Américain Crew Dragon de la société Space X, que les astronautes se rendent à la Station spatiale internationale. Chacun ayant un rôle à jouer dans les procédures de vol, ils s'entraînent dans des simulateurs qui reproduisent à l'identique l'intérieur du poste de pilotage (ou cockpit) du vaisseau.

EN ROUTE POUR L'ESPACE

Le vaisseau spatial Soyouz *accueille trois astronautes. Il est situé sous la coiffe de la fusée* Soyouz*, qui le propulse dans l'espace et le libère une fois en orbite. Le vaisseau américain* Crew Dragon *pourra à terme accueillir sept astronautes. Il est lancé par la fusée* Falcon 9*. Pour s'arracher à l'attraction terrestre, la fusée déploie une énergie phénoménale et dépasse les 25 000 km/h en quelques minutes ! Sensations fortes garanties !*

La majeure partie de la fusée est occupée par le carburant nécessaire à son lancement.

Sensations fortes

C'est parti ! L'imposante fusée *Soyouz* s'arrache du sol. Les astronautes ressentent les impressionnantes vibrations du véhicule. Puis, à mesure que la fusée prend de la vitesse, ils se retrouvent cloués sur leur siège par l'accélération. C'est « comme si vous aviez quatre personnes assises sur votre poitrine chaque fois que vous inspirez ! », a confié l'astronaute canadien Chris Hadfield. Le largage des différents étages de la fusée est également un moment éprouvant. Les astronautes ressentent une formidable poussée dans le dos, puis se sentent comme agrippés, puis repoussés et à nouveau projetés !

Embarquement immédiat

Le jour du grand départ est arrivé. Sur cette image, les astronautes arrivent sur le pas de tir de la fusée, vêtus de leur combinaison de vol. En cas de fuite d'air dans le véhicule, elle leur permettra de respirer grâce à un apport en oxygène. Les astronautes portent à la main une mallette pourvue d'un tuyau. Cet appareil assure le refroidissement et la ventilation de leur combinaison avant de monter dans la fusée, car elle tient chaud !

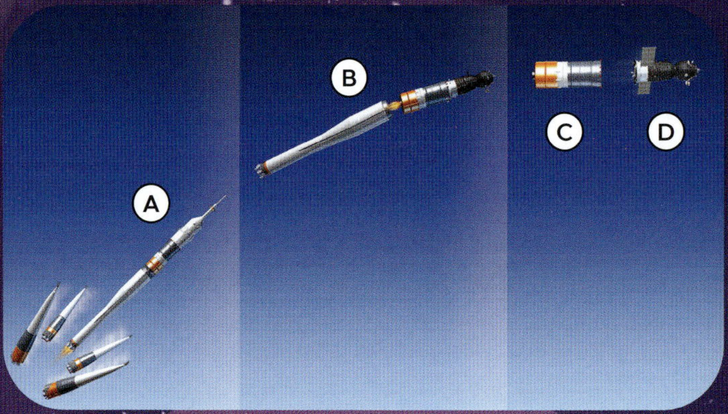

LA FUSÉE *SOYOUZ*

Une fusée *Soyouz* est composée de trois étages. Chacun possède des moteurs alimentés par des réservoirs de carburant. Après quelques minutes de vol, les quatre boosters (les propulseurs qui constituent le premier étage de la fusée) se détachent, ayant brûlé toutes leurs réserves (A). Puis c'est au tour du deuxième étage (B) d'être largué, et enfin du troisième (C), qui libère la capsule *Soyouz* (D).

Arrivée en orbite

Neuf minutes après le décollage, les astronautes se retrouvent en orbite terrestre et ressentent enfin les effets de l'impesanteur. Les antennes et les panneaux solaires de la capsule *Soyouz* se déploient. L'engin file à présent vers l'ISS. La procédure pour faire converger leurs trajectoires est automatisée. Mais l'équipage peut effectuer quelques ajustements si nécessaire, en fonction des indications données par les voyants de trajectoire sur les écrans du cockpit. Par les hublots, les astronautes voient défiler la Terre sous leurs yeux. Tout autour d'eux : le cosmos noir et ses millions d'étoiles !

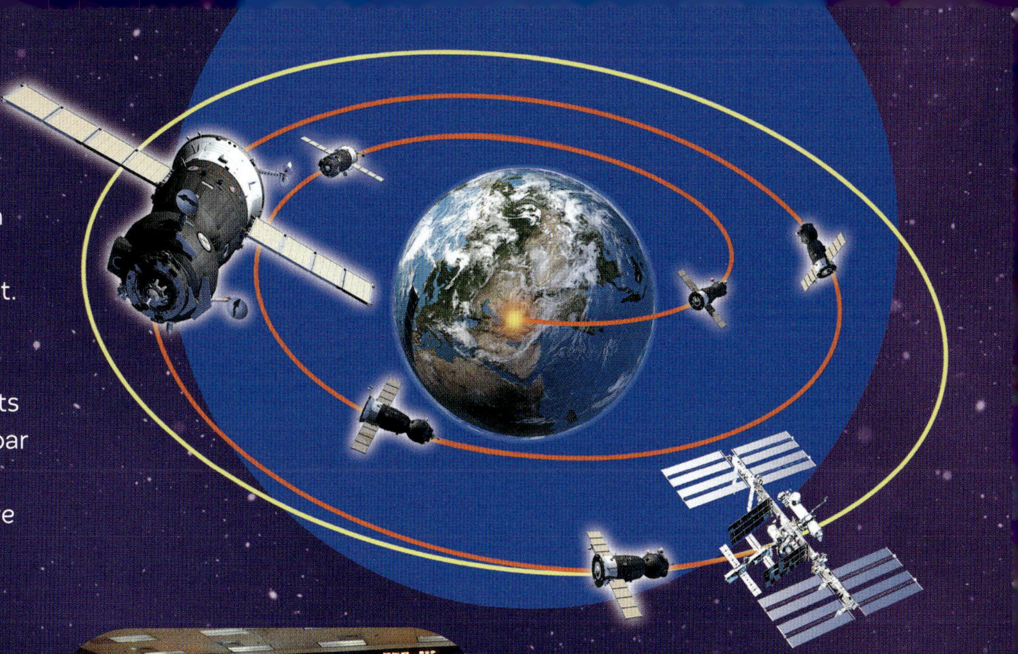

Les trois équipiers d'un vaisseau Soyouz filmés par une caméra fixe à leur arrivée en orbite. Au centre, le commandant de bord.

Les astronautes sont en liaison permanente avec un centre de contrôle au sol qui surveille tous les aspects de la mission et leur communique les informations utiles au bon déroulement du vol.

L'amarrage à l'ISS

Au bout de six heures et quatre orbites effectuées, le vaisseau *Soyouz* arrive enfin en vue de l'ISS. L'arrimage à la station requiert une extrême précision et fait intervenir des systèmes de guidage. Ce rendez-vous entre les deux vaisseaux est complètement automatisé et contrôlé par l'ordinateur de bord. Cependant, il arrive que l'équipage soit obligé d'intervenir en mode manuel. Pour cela, le pilote dispose de deux manettes. Une fois les deux vaisseaux arrimés, les astronautes retrouvent enfin leurs équipiers dans la station.

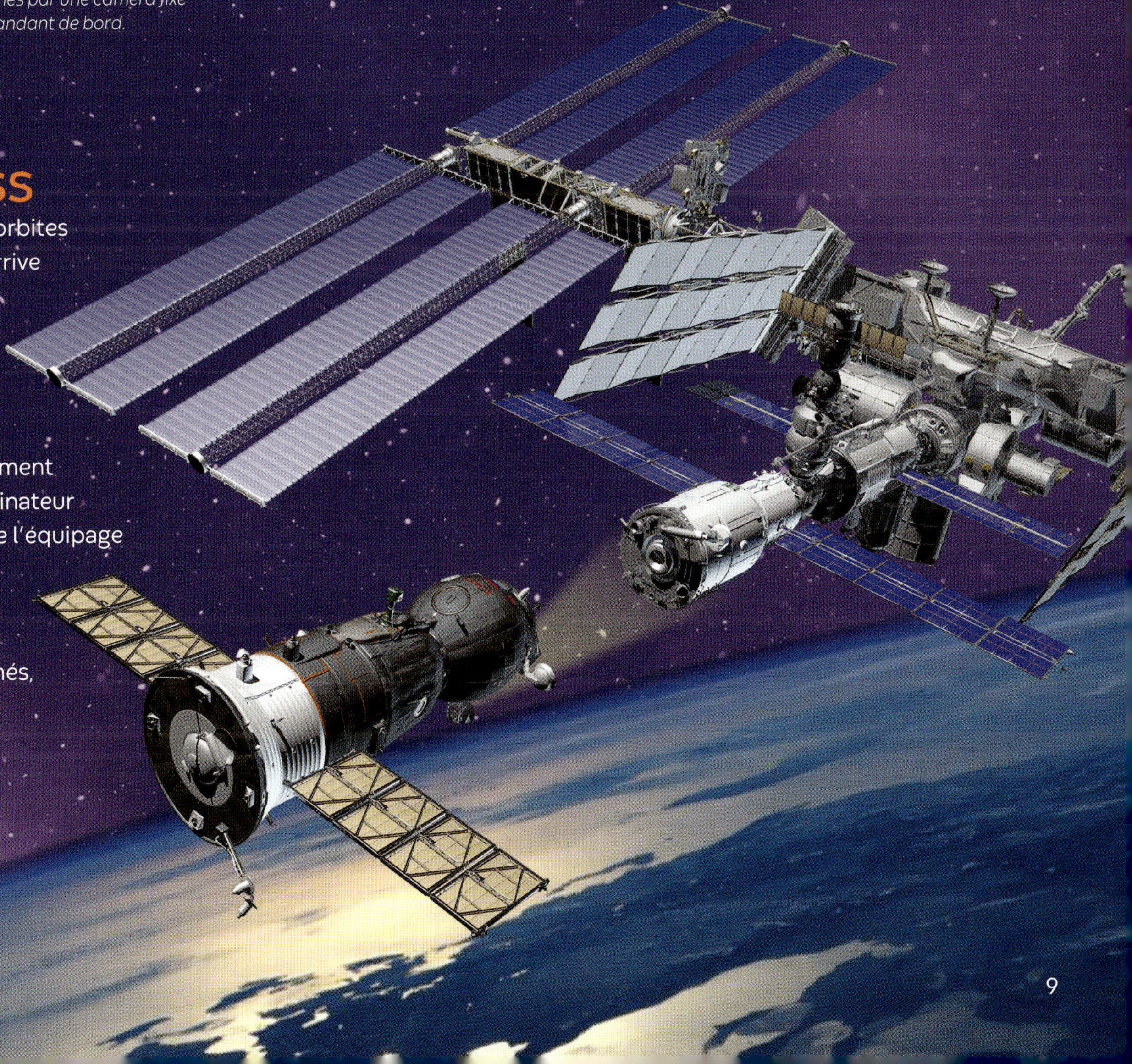

TRAVAILLER DANS L'ESPACE

À 400 km au-dessus de nos têtes, la Station spatiale internationale (ISS) accueille en permanence des équipages de six à dix astronautes de nationalités différentes. Consacrée à la recherche scientifique, elle est le lieu d'expériences dans des domaines très variés. Les séjours prolongés des astronautes (six mois en moyenne) constituent en outre une étape vers des missions spatiales de plus longue durée : sur la Lune ou vers Mars (voir pages 22-23).

L'ISS, un Meccano géant

Plus grande qu'un terrain de football, l'ISS s'apparente à un gigantesque Meccano de l'espace, composé de nombreux éléments qui ont été acheminés et assemblés en orbite entre 1998 et 2013. Seize pays ont participé à sa construction : États-Unis, Europe, Japon, Russie... Différents modules abritent les espaces de vie et de travail, ainsi que les nombreux équipements nécessaires au fonctionnement de la station spatiale. Placée en orbite autour de la Terre, l'ISS n'a pas besoin de moteurs pour se déplacer. Des propulseurs permettent toutefois de corriger son orientation. L'ISS se déplace à la vitesse incroyable de 28 000 km/h ! Elle fait un tour de Terre toutes les 90 minutes. Par les hublots, les astronautes voient ainsi le soleil se lever et se coucher seize fois par jour ! D'immenses panneaux solaires fournissent l'énergie nécessaire au fonctionnement de la station et de ses nombreux équipements.

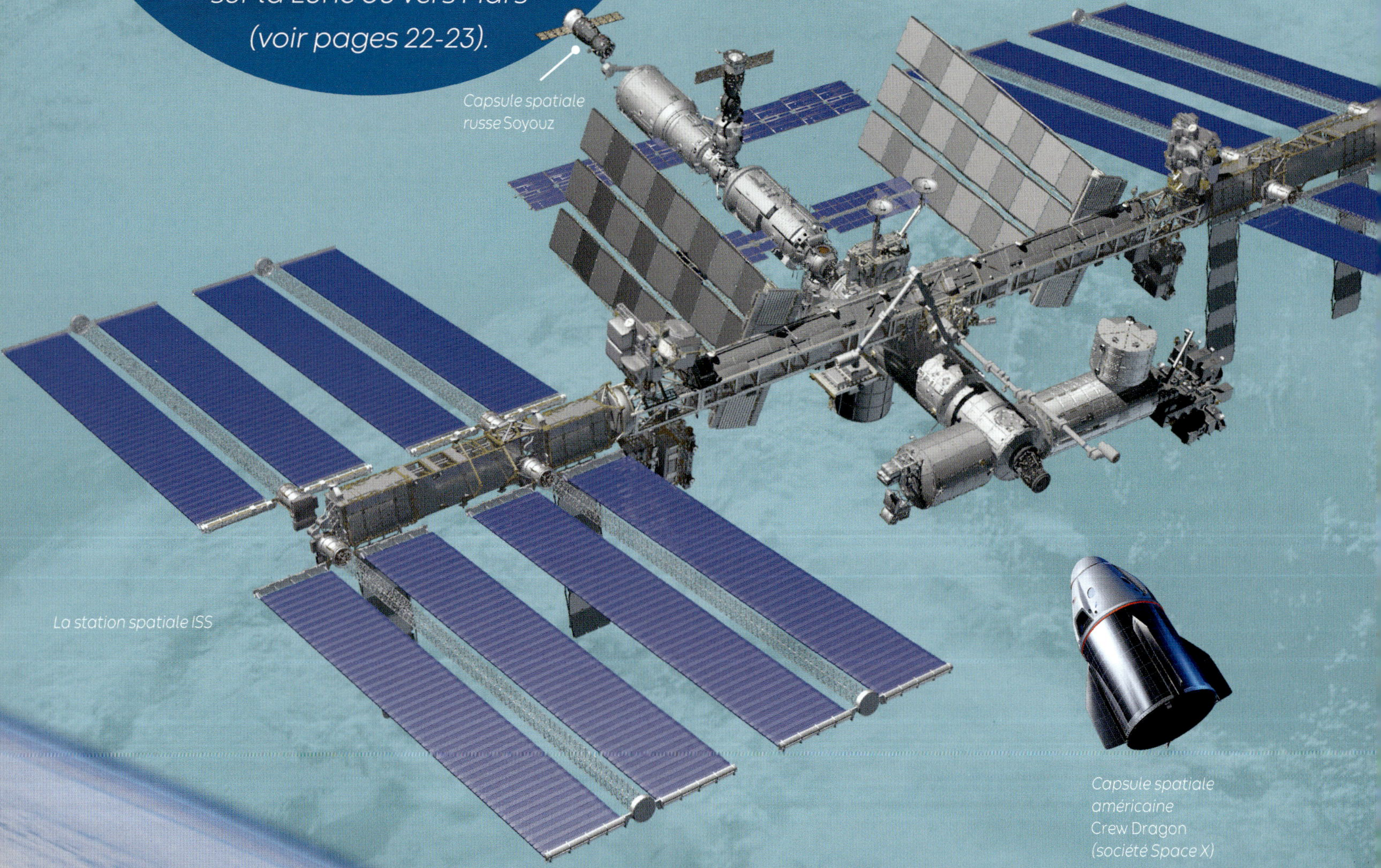

Capsule spatiale russe Soyouz

La station spatiale ISS

Capsule spatiale américaine Crew Dragon (société Space X)

Le travail à bord de l'ISS

Les astronautes réalisent de nombreuses expériences. Ils étudient aussi bien le développement de plantes dans l'espace que le comportement des fluides ou la fusion des métaux... D'autres expériences ont pour objet le corps humain, par exemple la circulation sanguine (dans l'espace, en effet, le sang n'est pas attiré vers le bas du corps comme sur Terre). Les résultats obtenus fournissent des informations qui font progresser la science. Ainsi, de nouveaux traitements médicaux peuvent être élaborés. Les travaux de maintenance de la station occupent aussi beaucoup les astronautes.

Ce caisson hermétique muni de gants permet d'effectuer de façon sécurisée diverses expériences, dans le domaine de la combustion par exemple, ou nécessitant la manipulation de substances toxiques.

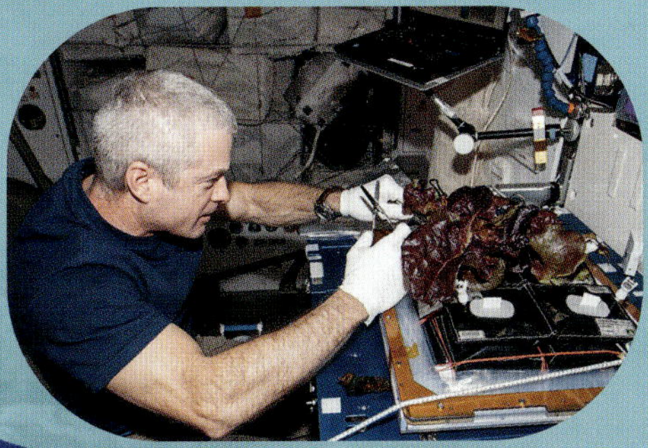

À bord de l'ISS, les astronautes étudient aussi le développement des plantes, comme ci-contre, une salade.

Les travaux d'inspection et de maintenance font partie de la routine des astronautes. L'un d'eux (ci-contre) nettoie à fond le circuit d'eau d'un scaphandre.

UN ROBOT ASTRONAUTE !

Robonaut est un robot humanoïde qui fait actuellement ses preuves sur l'ISS. Ses mains dotées de détecteurs sensoriels lui permettent d'utiliser des outils et de réaliser des opérations de précision. Sa vocation : devenir l'assistant des astronautes dans les tâches de maintenance répétitives ou dangereuses.

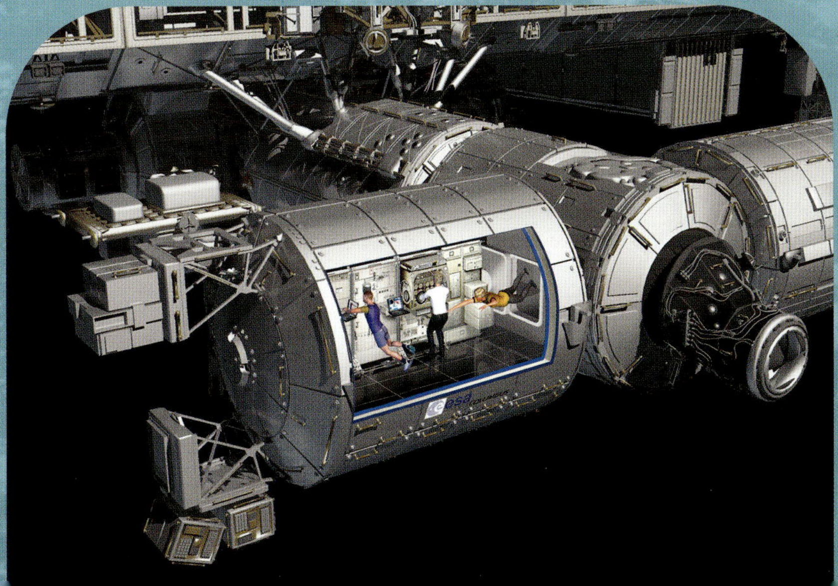

Les laboratoires de l'ISS

L'ISS compte trois gros laboratoires scientifiques : Kibo, construit par le Japon, Destiny, l'Américain, et Columbus, l'Européen. Ci-contre, une vue intérieure de ce dernier. Des racks, sortes d'armoires à glissières, occupent les murs. Des tiroirs abritent le matériel nécessaire aux expériences scientifiques. La collaboration étant internationale, l'équipage de l'ISS peut être amené à participer à une expérience de n'importe quel pays.

SORTIE DANS L'ESPACE

Les astronautes travaillent aussi à l'extérieur de l'ISS pour effectuer des réparations, installer du nouveau matériel ou réaliser des expériences scientifiques qui nécessitent d'être exposé au vide spatial. Ils sortent toujours par deux afin de pouvoir se porter secours si besoin. Une sortie dure en moyenne sept longues heures. L'astronaute revêt un scaphandre qui le protège de l'environnement hostile de l'espace et lui permet de respirer.

Une préparation minutieuse

Avant une sortie dans l'espace, les scaphandres sont passés en revue et les procédures vérifiées. La combinaison spatiale russe Orlan, ci-dessous, est conçue en une seule partie. Les cosmonautes y entrent par l'arrière. Les Américains, les Européens et les Japonais portent la combinaison spatiale américaine EMU (en bas de page), plus longue à enfiler.

La combinaison spatiale

Dans l'espace, il n'y a pas d'air pour respirer. La combinaison spatiale alimente l'astronaute en oxygène (grâce à des réserves stockées dans un sac à dos). Très épaisse, dotée d'un système de régulation thermique, elle le protège des variations extrêmes de température (+ 150 °C à - 120 °C) mais aussi de l'impact de micrométéorites (jusqu'à 0,5 mm). Sur sa poitrine, l'astronaute dispose de touches de contrôle permettant de réguler la température, la pression, l'apport en oxygène. La visière arrête les rayonnements solaires dangereux (qui sur Terre sont en partie filtrés par l'atmosphère).

La combinaison spatiale EMU

LA COMBINAISON EMU

La combinaison EMU est en deux parties. Les astronautes enfilent d'abord le bas, puis la partie supérieure, rigide. Ils sont aidés par un équipier (à gauche sur la photo) qui vérifie que tout est au point. L'astronaute en tenue pénètre ensuite dans un sas qui permet le passage entre l'intérieur de la station et le vide spatial.

Dans le vide spatial

Les astronautes s'accrochent aux poignées et aux rampes qui courent le long des flancs de la station pour se déplacer. En cas de rupture du câble qui les relie à cette dernière (ou si une micrométéorite fait un trou dans leur combinaison, nécessitant un retour de toute urgence vers le sas), ils disposent d'un petit système de propulsion à l'arrière de leur combinaison. Leurs déplacements d'un point à un autre de la station sont souvent assurés par un long bras articulé et télécommandé depuis l'intérieur : le Canadarm 2.

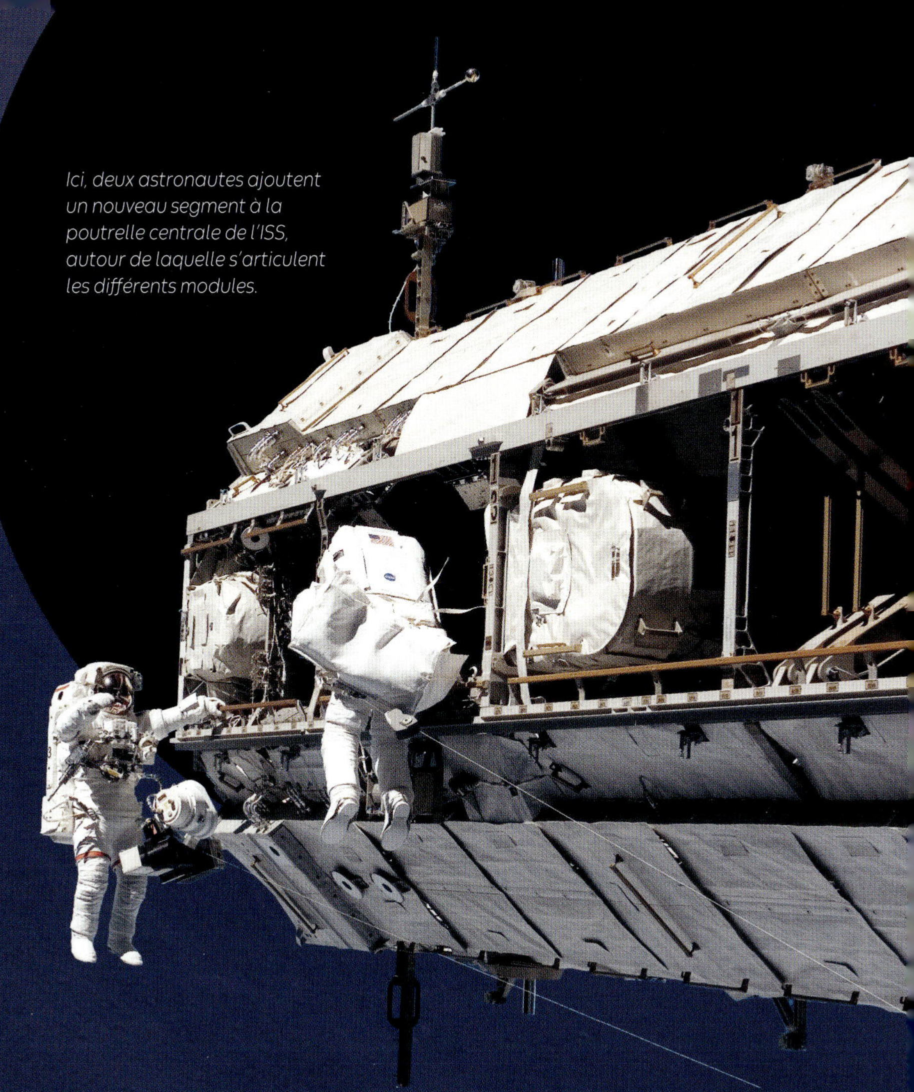

Ici, deux astronautes ajoutent un nouveau segment à la poutrelle centrale de l'ISS, autour de laquelle s'articulent les différents modules.

Les astronautes sortent dans l'espace par une écoutille. Un câble les rattache à la station.

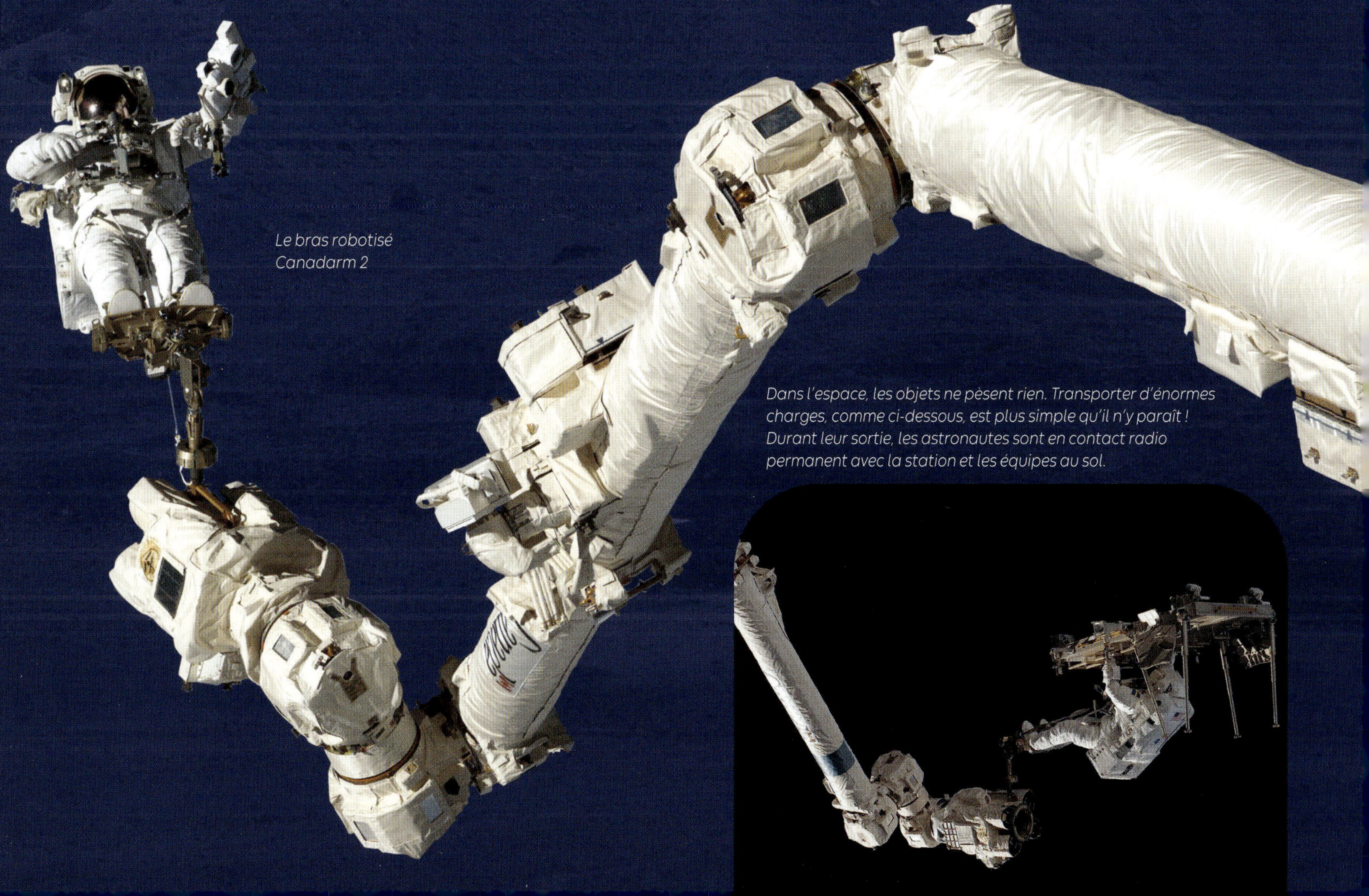

Le bras robotisé Canadarm 2

Dans l'espace, les objets ne pèsent rien. Transporter d'énormes charges, comme ci-dessous, est plus simple qu'il n'y paraît ! Durant leur sortie, les astronautes sont en contact radio permanent avec la station et les équipes au sol.

LA VIE QUOTIDIENNE

Entre les expériences scientifiques, la maintenance des équipements et les exercices physiques pratiqués régulièrement pour se maintenir en forme, les astronautes ont un emploi du temps bien rempli : une dizaine d'heures par jour. Ils travaillent cinq jours et demi par semaine, le samedi matin étant réservé au grand ménage de la station. L'ISS est ravitaillée une fois par mois par des vaisseaux cargos automatiques.

Le vaisseau cargo

Le ravitaillement

Les vaisseaux cargos ravitaillent l'ISS en matériel, équipements scientifiques, eau, nourriture, vêtements, oxygène... De l'intérieur de la station, les astronautes « capturent » le vaisseau à son arrivée grâce au long bras robotisé Canadarm. Ce moment est très attendu par l'équipage, qui a le luxe de pouvoir déguster des produits frais tels que des fruits ou des légumes. L'image de gauche montre la joie d'un astronaute à l'arrivée d'un vaisseau cargo qui vient de livrer des fruits. Une fois déchargé, ce vaisseau sert de poubelle : on y entrepose les déchets produits à bord de la station. Il repart ensuite vers la Terre, où il se consume dans l'atmosphère.

À table !

Les menus des astronautes sont très variés et personnalisés. Les rations sont déshydratées et emballées dans des sachets hermétiques. Il suffit d'y injecter de l'eau chaude pour leur rendre leur aspect normal. D'autres sont conditionnées dans des boîtes en aluminium. Les astronautes apprécient les plats épicés, car en impesanteur, ils ont tendance à perdre le sens du goût. Les boissons sont aspirées avec une paille pour éviter que les liquides ne s'échappent.

Les repas sont l'occasion de se détendre et de passer un bon moment tous ensemble. Certains plats ont été élaborés par de grands chefs cuisiniers du monde entier. Rien à voir avec la nourriture sans saveur des premiers astronautes !

Un brin de toilette

Dans l'espace, pas question de prendre une douche comme sur Terre. L'eau est rare et précieuse. De plus, en impesanteur, elle ne coule pas mais se répand partout sous forme de bulles. Les astronautes utilisent donc des lingettes humides pour se laver. Les shampoings employés ne moussent pas et ne se rincent pas. Comme on peut le voir ci-contre, les cheveux sont juste un peu humidifiés au préalable. Quant au dentifrice, il est conçu pour être avalé une fois les dents brossées !

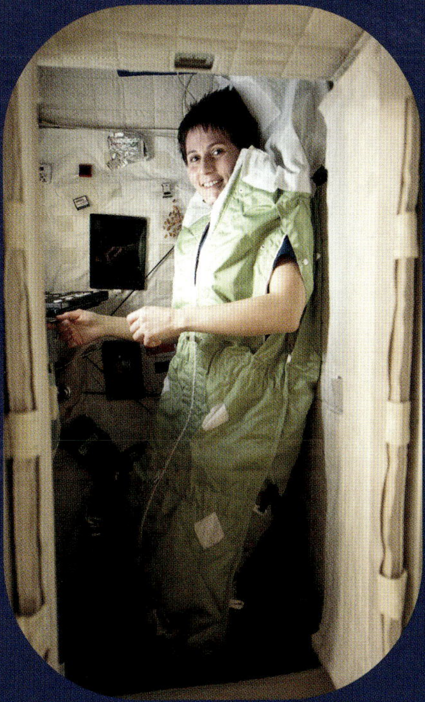

Au lit !

Pour dormir, chaque astronaute dispose de son petit coin couchette. Il s'agit d'une cabine (de la taille d'une cabine de douche) aux parois capitonnées. À l'intérieur se trouve un petit espace personnel avec ordinateur, livres, musique, photos… Un sac de couchage est fixé sur une des parois de la cabine.

WC DE L'ESPACE

Dans l'espace, on flotte. Alors, pour faire la grosse commission, il faut bien s'accrocher à la cuvette ! Les selles sont aspirées vers un conteneur étanche qui, une fois plein, est stocké avec les autres déchets dans le vaisseau cargo. L'urine est recueillie dans une sorte d'entonnoir relié à un tuyau d'aspiration. Elle rejoint une unité où elle est recyclée.

Du sport !

Dans l'espace, les astronautes sont légers comme des plumes. N'ayant plus besoin de supporter le poids de leur corps, ils perdent de la masse osseuse et musculaire. Aussi doivent-ils faire du sport deux heures par jour, six jours par semaine, pour conserver leurs muscles et éviter que leurs os ne deviennent trop fragiles et ne se brisent. Ils utilisent pour cela différents types d'appareils comme des vélos ou des tapis de marche. Ainsi, ils se préparent aussi au retour sur Terre, où leurs muscles et leurs os seront à nouveau sollicités.

Corvée de ménage

À bord de l'ISS, le grand ménage du samedi matin est l'affaire de tous. Pas un astronaute n'y échappe, passant l'aspirateur (ci-contre) ou capturant poussières et détritus à l'aide de chiffons, jetés ensuite à la « poubelle » (le vaisseau cargo).

Place aux loisirs

Pendant leurs moments de détente, les astronautes ont de quoi se distraire : livres, films, CD, Internet, jeux de cartes… Le temps libre est aussi consacré aux communications avec les proches. Un autre passe-temps favori des astronautes consiste à admirer et photographier la Terre par les hublots de la Cupola, une incroyable coupole d'observation panoramique.

De l'intérieur de la Cupola (ci-contre), les astronautes ne se lassent pas d'admirer la Terre et prennent d'extraordinaires clichés : aurores polaires (A), volcans en éruption (B), ou encore villes illuminées (C). Sur cette dernière photo, on distingue parfaitement la « botte » de l'Italie.

L'étonnante Cupola vue de l'extérieur de l'ISS. C'est l'endroit préféré des astronautes. Elle offre une vision panoramique à 180 degrés. C'est depuis la Cupola notamment que les astronautes pilotent le bras robotisé Canadarm (voir page 13).

Certains astronautes occupent une partie de leur temps libre en jouant d'un instrument. Très bon musicien et chanteur, l'astronaute canadien Chris Hadfield a composé et enregistré un album dans l'espace !

LES RISQUES DU MÉTIER

Conquérir l'espace n'est pas sans danger. Une erreur humaine, une défaillance technique, une collision peuvent avoir de graves conséquences. De nombreux accidents jalonnent l'histoire de la conquête spatiale et il faut savoir faire face aux imprévus. Ainsi, en juillet 2015, par mesure de précaution, l'ISS a été évacuée lors du passage des débris d'un satellite. L'équipage de trois personnes s'est réfugié dans le vaisseau Soyouz amarré à la station, prêt à regagner la Terre en urgence. Heureusement, l'ISS n'a pas été touchée !

La navette Challenger

Des accidents tragiques

28 janvier 1986. La navette américaine *Challenger* explose 73 secondes après son décollage (ci-dessus). À la suite d'un incident technique, les réserves de carburant se sont enflammées. Ses sept passagers sont tués. Le 1er février 2003, lors du retour sur Terre de la navette *Columbia*, cette dernière se désintègre en pénétrant dans l'atmosphère. Des tuiles du bouclier thermique ont été endommagées au décollage. Or ce bouclier devait protéger la navette de l'échauffement produit lors de la rentrée dans l'atmosphère. Sept astronautes périssent à leur tour. Ces deux terribles drames ont profondément marqué les États-Unis. Les navettes seront retirées du service en 2010, en raison notamment de leur prix exorbitant.

Cette photo montre le commandant de la navette Columbia *et son copilote lors de leur retour sur Terre le 1er février 2003. Quelques instants plus tard, la navette se désintègre.*

Apollo 13, la mission inachevée

Le 13 avril 1970, les astronautes de la mission Apollo 13 se dirigent vers la Lune. Au bout de trois jours, ils sont presque arrivés à destination lorsqu'un réservoir d'oxygène explose dans la partie arrière du vaisseau, transformant leur voyage en cauchemar. Les trois hommes doivent abandonner la capsule *Apollo* pour le module lunaire (destiné à se poser sur la Lune). C'est à son bord qu'ils tentent de revenir sur Terre. Mais celui-ci n'est pas prévu pour un voyage prolongé ! Il faut trouver des astuces pour économiser de l'énergie... et de l'oxygène. Le retour des astronautes sur Terre sera des plus périlleux !

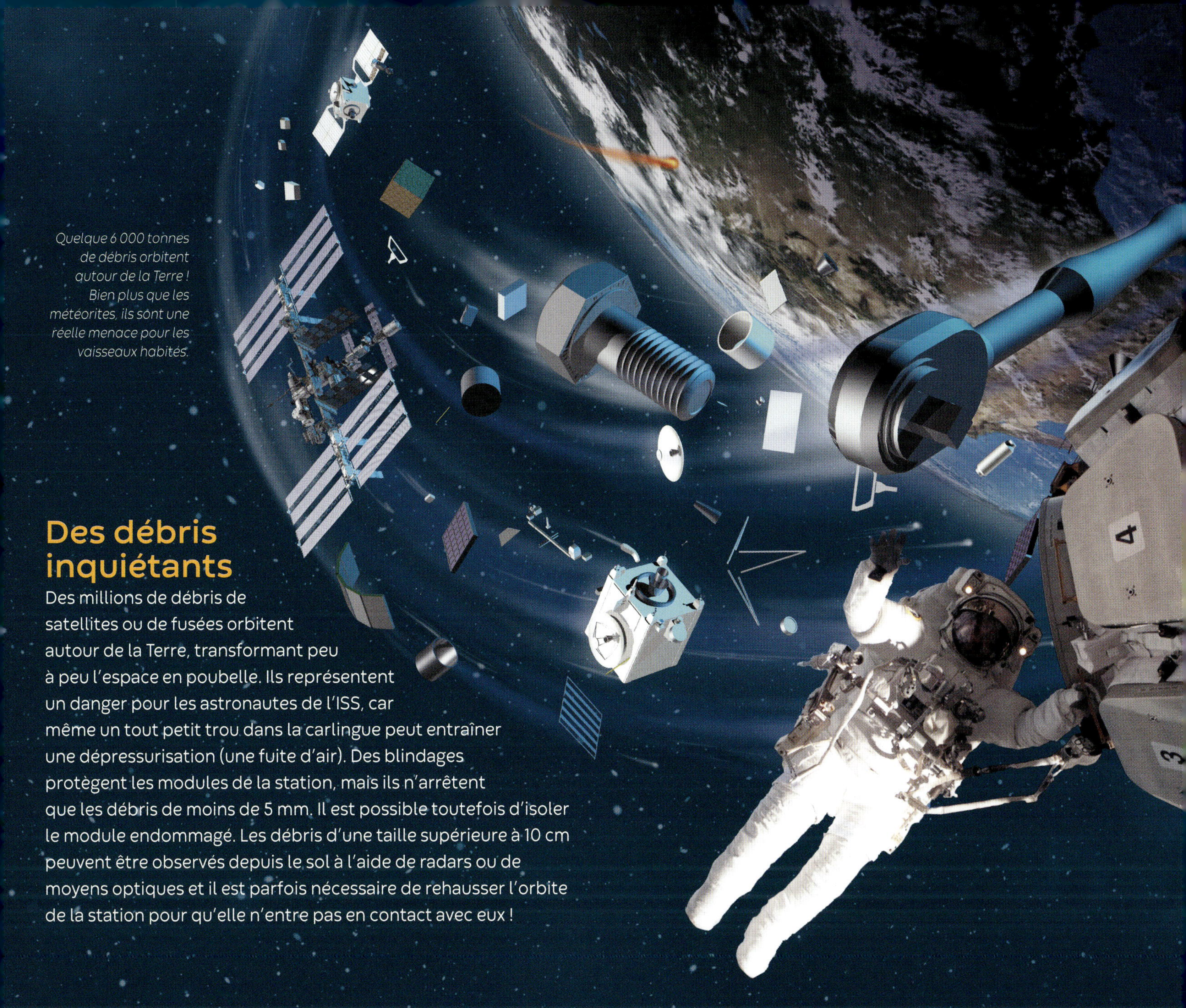

Quelque 6 000 tonnes de débris orbitent autour de la Terre ! Bien plus que les météorites, ils sont une réelle menace pour les vaisseaux habités.

Des débris inquiétants

Des millions de débris de satellites ou de fusées orbitent autour de la Terre, transformant peu à peu l'espace en poubelle. Ils représentent un danger pour les astronautes de l'ISS, car même un tout petit trou dans la carlingue peut entraîner une dépressurisation (une fuite d'air). Des blindages protègent les modules de la station, mais ils n'arrêtent que les débris de moins de 5 mm. Il est possible toutefois d'isoler le module endommagé. Les débris d'une taille supérieure à 10 cm peuvent être observés depuis le sol à l'aide de radars ou de moyens optiques et il est parfois nécessaire de rehausser l'orbite de la station pour qu'elle n'entre pas en contact avec eux !

Des sorties qui restent dangereuses

Même si les sorties extravéhiculaires sont minutieusement préparées et les combinaisons de plus en plus performantes, l'environnement spatial reste extrêmement hostile et un astronaute n'est jamais à l'abri d'un incident. Le 16 juillet 2015, l'un d'eux a failli se noyer dans sa combinaison spatiale à cause d'une fuite d'eau provenant du système de refroidissement. Pour toutes ces raisons, le nombre de sorties extravéhiculaires est limité au minimum. Des robots sont aujourd'hui capables de remplacer les hommes pour certaines opérations à l'extérieur de l'ISS. C'est le cas du robot Dextre (ci-contre), aux deux longs bras pourvus de nombreuses articulations.

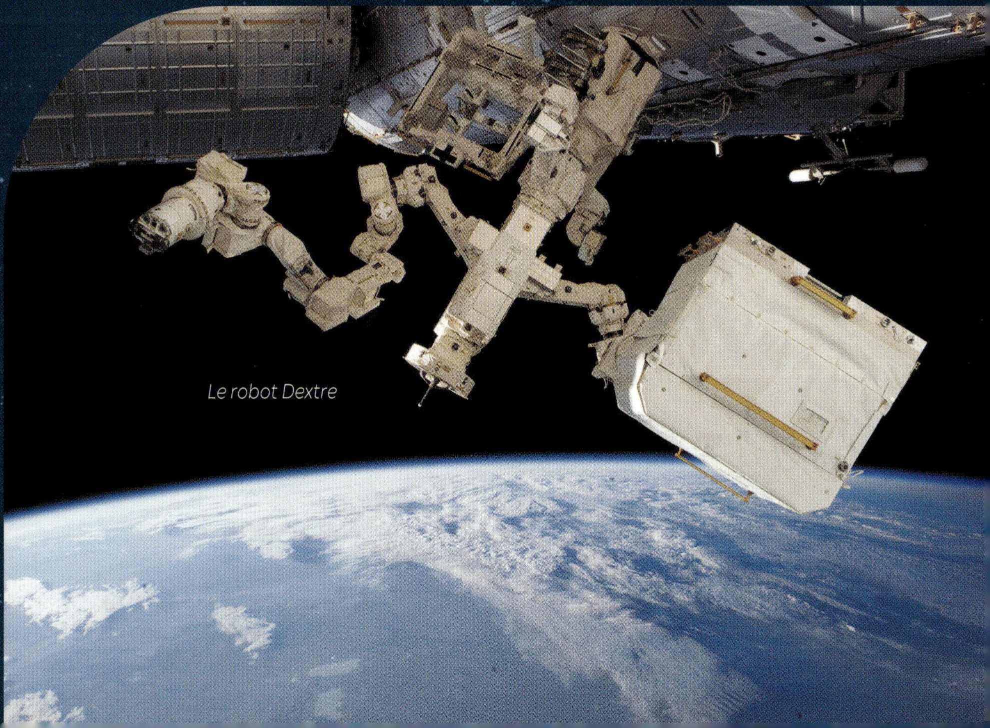

Le robot Dextre

RETOUR SUR TERRE

Après un séjour de plusieurs mois dans l'espace, le temps est venu pour quelques équipiers de la Station spatiale internationale de retourner sur Terre à bord du vaisseau Soyouz*. L'atterrissage a lieu dans les steppes du Kazakhstan pour le vaisseau* Soyouz *et en mer pour le vaisseau* Crew Dragon*. Une semaine avant le départ, les astronautes révisent à bord d'un simulateur de vol, toutes les actions importantes qu'ils auront à effectuer pendant leur descente sur Terre.*

Au revoir l'ISS !

Le jour J est arrivé. Les astronautes sont prêts à regagner la Terre. Dernier au revoir à leurs collègues de l'ISS et l'écoutille qui les sépare de la Station spatiale internationale est soigneusement fermée. Un sas relie la station au vaisseau *Soyouz*, dans lequel les astronautes enfilent leur combinaison avant de prendre place dans le poste de pilotage. Il est temps maintenant pour le vaisseau de se détacher de la station. Le voyage vers la Terre va durer 3 heures et 30 minutes environ.

En route vers la Terre

Départ imminent ! L'équipage attend le signal du centre de contrôle pour commander l'ouverture des crochets qui maintiennent le vaisseau *Soyouz* amarré à l'ISS. Une fois l'opération effectuée, un système de ressorts repousse le vaisseau à une distance suffisante de la station. Le véhicule s'éloigne peu à peu de l'ISS et entame son voyage vers la Terre.

Rentrée atmosphérique

Parvenu dans la haute atmosphère, à 140 km au-dessus de la Terre, le vaisseau *Soyouz* se sépare en trois parties au moyen de boulons explosifs. Bang, bang, bang ! Le bruit est assourdissant et l'équipage fortement secoué ! Seul le module de descente, dans lequel il se trouve, continue sa route vers la Terre. Les deux autres modules, composés de divers équipements devenus inutiles, comme les panneaux solaires, se consument dans l'atmosphère. Équipé d'un bouclier thermique, le module de descente est conçu pour résister à l'échauffement extrême induit par les frottements de l'air contre ses parois alors qu'il fonce à toute allure vers la Terre. Plus de 1 000 °C ! À l'extérieur, tout devient rouge et les astronautes voient les hublots s'assombrir peu à peu. Dans le cockpit, la température atteint 40 °C.

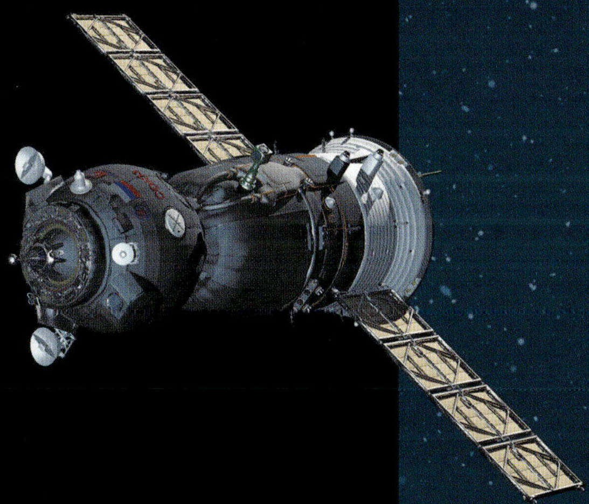

Atterrissage

L'atmosphère agit comme un frein qui réduit considérablement la vitesse du vaisseau. À 10,5 km de la Terre, celle-ci n'est plus que de 800 km/h contre 28 000 km/h dans le vide spatial. Mais cela n'est pas suffisant. Une série de petits parachutes se déploie automatiquement, puis un immense parachute de 1 000 m^2 de surface. Enfin, alors que la capsule est très proche du sol, des rétrofusées sont allumées pour la ralentir à une vitesse de 5,5 km/h. L'impact reste toutefois « musclé » ! Voici ce que raconte l'astronaute italien Paolo Nespoli : « Cela ressemble à une collision frontale entre une petite voiture et un poids lourd, et bien sûr, on est dans la petite voiture ! »

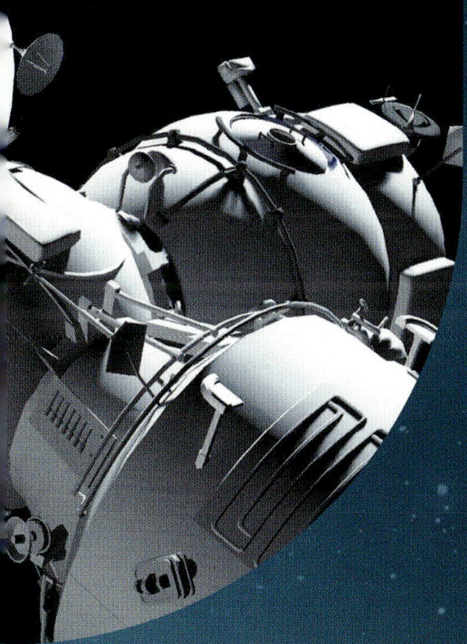

Retour des astronautes

En revenant de leur séjour dans l'espace, les astronautes se sentent très faibles musculairement (malgré les exercices physiques effectués à bord de l'ISS). Ils ne peuvent pas tenir debout et doivent se faire aider. En outre, ils ne sont plus habitués à la gravité terrestre et ont l'impression de peser très lourd. Très vite, ils peuvent remarcher. Mais se réadapter complètement à la vie sur Terre peut prendre quelques semaines.

FUTURES MISSIONS

D'ici 2024, des astronautes devraient à nouveau fouler le sol lunaire dans des bases permanentes. D'autres missions habitées visent la planète Mars. Les États-Unis comptent y envoyer des astronautes dans les années 2030. Restent de nombreux défis techniques à relever, notamment le perfectionnement du vaisseau Orion, qui devrait emmener les astronautes vers la planète rouge, à des millions de kilomètres de la Terre ! Il importe aussi de connaître au mieux les effets d'un séjour prolongé dans l'espace sur l'organisme, effets étudiés à bord de l'ISS.

Objectif Mars !

Selon sa position sur son orbite, la planète Mars est plus ou moins éloignée de la Terre. Au plus près, elle se situe quand même à 55,7 millions de kilomètres ! Ce qui représente, avec les modes de propulsion actuels, un voyage d'environ six mois pour y aller ! Afin de pallier cet inconvénient, la NASA (l'Agence spatiale américaine) envisage de plonger les astronautes dans un état d'hibernation (de sommeil prolongé), comme dans les films ! Une étude est actuellement en cours. Les astronautes séjourneraient un an et demi sur le sol martien avant de repartir pour un voyage de six mois. Soit une mission de deux ans et demi loin de la Terre.

Retour vers la Lune

Le retour d'astronautes sur la Lune est prévu pour 2024 dans le cadre du programme Artemis, développé par la NASA. Un homme et une femme devraient s'y rendre à bord du vaisseau spatial *Orion* (A). L'agence spatiale américaine prévoit en outre la construction d'une station spatiale en orbite lunaire, la *Gateway* (B), sorte de mini ISS où collaboreront à terme des astronautes de nombreux pays.

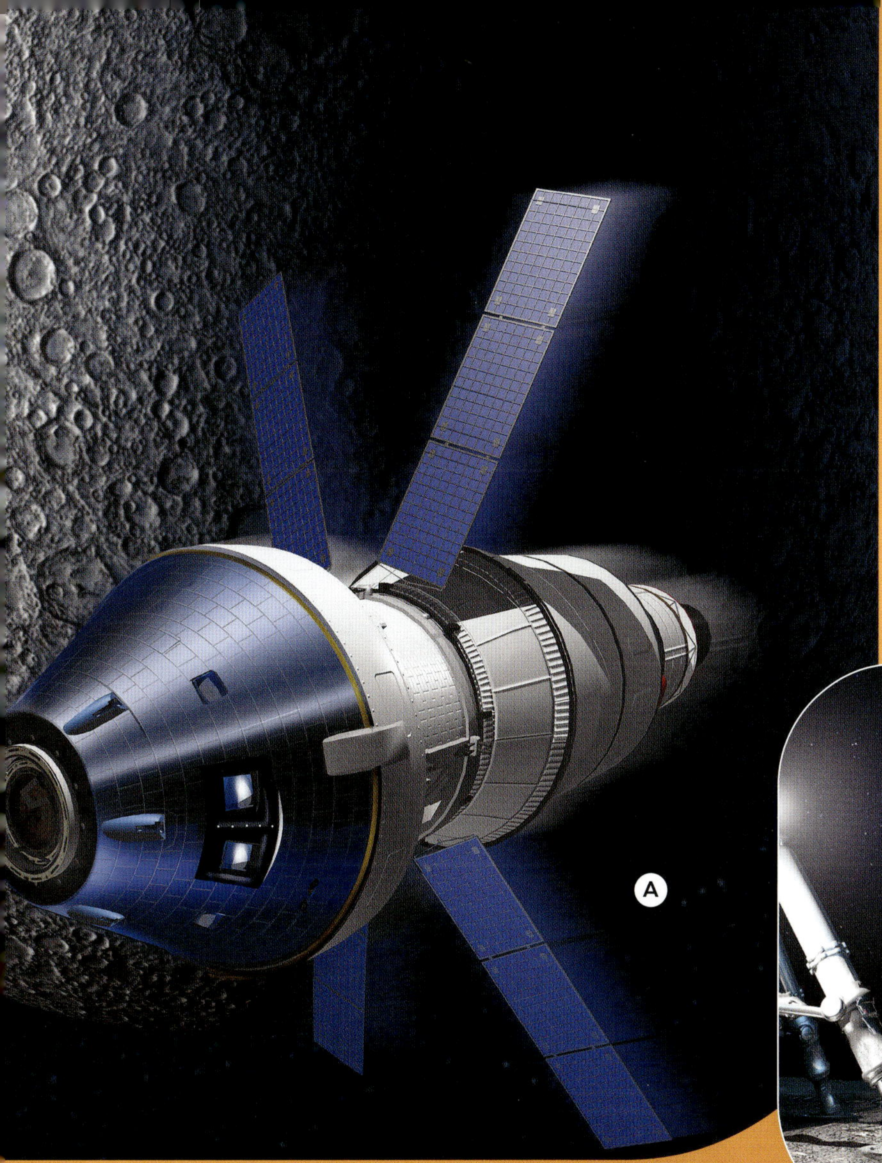

La station orbitale Gateway (« la passerelle ») accueillera des équipages pour une durée de 42 jours. Elle servira de relais entre la Terre et la surface de la Lune. Les premiers modules devraient être assemblés à partir 2022. D'ici 2024, des astronautes devraient à nouveau fouler le sol lunaire.

La présence continue d'astronautes à la surface de la Lune et en orbite autour de l'astre permettra de parfaire nos connaissances sur l'Univers et devrait permettre de développer des technologies en vue de missions spatiales habitées plus lointaines. Les équipages pourront commander des rovers à partir de la station orbitale.

Il règne sur Mars des conditions extrêmes : les températures sont glaciales (-65 °C en moyenne), la poussière est omniprésente et les rayonnements solaires sont très dangereux, car ils ne sont pas filtrés par l'atmosphère (beaucoup moins dense que sur Terre). Tout cela exige des équipements parfaitement adaptés (habitat, véhicules, combinaisons spatiales).

Des expériences sont menées depuis plusieurs années pour préparer de futures missions vers Mars. En 2015, six volontaires recrutés par la NASA ont vécu sous un dôme établi sur les pentes d'un volcan et n'en sortaient qu'en combinaison spatiale. L'expérience visait à plonger l'équipage dans les mêmes conditions qu'une mission sur Mars et à tester leurs réactions face à l'isolement et au confinement pendant un séjour de longue durée. Depuis, deux autres simulations ont eu lieu dans le cadre de ce programme baptisé HI-SEAS.

TABLE DES MATIÈRES

57, rue Gaston Tessier, CS 50061, 75166 Paris Cedex 19
www.fleuruseditions.com
Direction : Guillaume Pô
Direction éditoriale : Emmanuelle Braine Bonnaire
Conception de la collection : Émilie Beaumont et Jack Delaroche
Édition : Élodie Condé et Graph'M
Conception graphique : Éric Laurin sous la direction de création de Élisabeth Hébert
Direction artistique : Bleuenn Auffret, assistée de Julien Di Giorgio
Mise en page : Graph'M
Direction de fabrication : Thierry Dubus
Fabrication : Sabine Marioni

Loi n° 49-956 du 16 juillet 1949 sur les publications destinées
à la jeunesse, modifiée par la Loi n° 2011-525 du 17 mai 2011.
Dépôt légal : mars 2021
2e édition - N° d'édition : J21071
ISBN : 978-2-2151-5827-1 • MDS : 661283N1
Achevé d'imprimer en février 2021 en Italie
Par LEGO S.p.A par l'intermédiaire d'Ercom

IMPRIM'VERT®

Certifié PEFC
Ce produit est issu de forêts gérées durablement et de sources contrôlées
PEFC
PEFC/18-31-280
www.pefc-france.org